Andrew Cleave

SCHLANGEN UND ANDERE REPTILIEN

PARKLAND

BILDNACHWEIS

Fotograf/Seite

James H. Carmichael jr. 4, 8-9, 17 oben, 22, 23 oben, 28, 29 oben, 30 unten, 31, 32, 33 unten, 34 oben, 45 oben & unten, 56-57, 61, 67, 69 Mitte, 77 unten

Dembinsky Photo Associates
Barbara Gerlach 12, 19
Skip Moody 69 unten
Stan Osolinski 34 unten

Dwight Kuhn 62, 68

Joe McDonald 3, 6, 7 unten, 11 oben, 13, 20, 21, 23 unten, 27, 36, 37 oben & unten, 38, 42, 46, 47, 53 unten, 55, 59, 63, 66 unten, 70 oben, 71 oben, 76

Nature Photographers Ltd
Colin Carver 18 unten
Paul Sterry 78 unten

Laura Riley 10

Len Rue jr. 39 oben

Leonard Lee Rue III 43 oben, 79

Gail Shumway 14, 17 unten, 29 unten, 30 oben, 33 oben, 51, 52, 53 oben, 54, 58, 60 oben, 66 oben, 71 unten

Tom Stack & Associates
Mike Bacon 39 unten
David S. Barker 69 oben
John Cancalosi 18 oben, 48-49
Christopher Crowley 77 oben
David M. Dennis 7 oben, 16, 26
Jeff Foott 5
John Gerlach 70 unten
Kerry T. Givens 35
Jack Stein Grove 11 unten
Barbara von Hoffmann 15 oben
Joe McDonald 15 unten, 44, 78 oben
Mike Severn 49 rechts

The Wildlife Collection
Gary Bell 50 oben, 74
Ken Deitcher 60 unten
Martin Harvey 24 links, 24-25, 40-41, 64, 65, 72 oben links & unten links, 75 oben
Tim Laman 50 unten, 75 unten
Dean Lee 72-73
Vivek R. Sinha 43 unten

Euredition

Konzept und Herstellung: Todtri Productions Limited, P.O. Box 20058, New York, NY 10023-1482 auf Initiative von Euredition bv, Den Haag.

Betreut von Euredition erscheint dieser Titel gleichzeitig in Deutschland, Frankreich, Großbrittannien, Italien und den Niederlanden.

Übersetzung: Alfred P. Zeller
Satz: Peter Verwey Grafische Produkties bv, Zwanenburg
Printed in Singapore by Tien Wah Press

ISBN 3–88059–779–0

EINFÜHRUNG

Die Hundskopfboa bewohnt die südamerikanischen Wälder. Sie hält sich mit dem Schwanz an Ästen fest und kann so mit mindestens halber Körperlänge Vögel im Flug erbeuten.

Reptilien haben unter den Menschen nur wenige Freunde und erfreuen sich bei ihnen keines guten Rufes. Schon die deutsche Bezeichnung »Kriechtiere« für diese Klasse von Tieren klingt in manchen Ohren abfällig. Das hängt damit zusammen, daß viele Leute völlig falsche Vorstellungen von den Reptilien selbst und von ihrer Lebensweise haben, Mißverständnisse, die zum großen Teil uralt sind und sich bis in unsere Zeit hinein gehalten haben. Beim Wort »Kriechtiere« denkt man zumeist an Schlangen, und für die haben nur wenige Menschen etwas übrig. Trotz ihres schlechten Rufes sind freilich nicht alle

Schlangen giftig, und sie spielen wie alle anderen Reptilien eine wichtige Rolle im Haushalt der Natur. Erst in neuer Zeit konnte die Wissenschaft viele irrige Auffassungen und falsche Behauptungen über die Welt der Reptilien widerlegen.

Da die meisten Reptilien lebende Beute schlagen, haben sie gut entwickelte Sinnesorgane zum Aufspüren von Beutetieren und zum Erkennen von Gefahren. Die Augen sind scharf und können sich durch Veränderung der Linsenkrümmung auf unterschiedliche Entfernungen einstellen. Nachtaktive Reptilien wie Geckos sehen nur schwarzweiß, aber viele andere Kriechtiere haben farbentüchtige Augen. Da das Gehör für die meisten Reptilien unwichtig ist, weil akustische Signale bei ihnen keine große Rolle spielen, ist das Ohr in der Regel nur wenig entwickelt. Vom meist deutlich ausgeprägten Trommelfell, das bei Schlangen und manchen Echsen äußerlich nicht erkennbar ist, leitet ein einziger Knochen die Schwingungen zum Innenohr. Weit bedeutsamer ist der chemische Sinn. Sein Sitz ist bei Schuppenkriechtieren das Jacobsonsche Organ, dem die »züngelnde«, prüfend vorgestreckte Zunge Duftstoffe zuleitet.

Das Verbreitungsgebiet des treffend benannten Helmleguans reicht vom südlichen Mexiko bis ins nördliche Kolumbien. Beim Imponiergehabe spreizt der ungemein flinke Leguan die Haut seines Nackenkamms.

Schildkröten wirken friedlich und verschlafen, doch das sind sie keineswegs immer. Diese beiden Gopherschildkrötenmännchen tragen einen hartnäckigen Revierkampf aus. Diese Art ist nur am frühen Morgen aktiv und flüchtet tagsüber vor der Hitze in Höhlen.

DIE WELT DER REPTILIEN

Reptilien werden als Kaltblüter bezeichnet, aber das ist nicht ganz richtig. In Wirklichkeit sind sie wechselwarm, d.h., ihre Körpertemperatur ist von der Temperatur ihrer Umgebung abhängig und wird von ihnen durch von außen kommende Erwärmung und Abkühlung weitgehend konstant gehalten. Um sich »aufzuheizen«, lassen sie sich von der Sonne bestrahlen. Wird eine bestimmte Körpertemperatur überschritten, ziehen sie sich in den Schatten zurück oder gehen ins Wasser, um sich abzukühlen. Manche Kriechtiere können auch in ihrem Organismus Wärme erzeugen und so ihren Wärmehaushalt regulieren. Je größer ein Reptil, desto besser vermag es seine Körpertemperatur konstant zu halten, wozu auch die dickere Haut und gespeicherte Fettschichten beitragen.

Kaltblüter haben gegenüber den Warmblütern einige Vorteile. Die warmblütigen Säugetiere müssen ihre Körpertemperatur in sehr engen Grenzen auf gleicher Höhe halten, denn schon geringe Schwankungen können für den Organismus gefährlich werden. Nur regelmäßige Nahrungsaufnahme sichert die zur Erzeugung der Körperwärme nötige konstante Energiezufuhr. Den Reptilien jedoch machen Schwankungen der Körpertemperatur weit weniger aus als den Vögeln oder Säugetieren. Sehr große Reptilien brauchen bedeutend weniger Nahrung als gleich große Säugetiere und können deshalb Lebensräume besiedeln, die für Säugetiere ungeeignet sind. So sind Wüsten ideale Lebensräume für Reptilien, haben sie doch hier viel Sonne, um sie zu wärmen, und genügend

Der Wüsten-Stachelleguan lebt in den Wüstenregionen von New Mexico und ernährt sich hauptsächlich von anderen Echsen. Nur selten wagt er sich aus seinem Versteck hervor.

Wie alle Echsen sind Meerechsen poikilotherm (wechselwarm) und müssen sich deshalb am Morgen im Sonnenlicht »aufheizen«. Manche ausgewachsenen Männchen tragen die hier gezeigte rote Färbung.

Meerechsen sonnen sich auf einem Lavastrand der Galápagos. Sie sind die einzigen echten Meerestiere unter den Echsen, und die abgelegenen Pazifikinseln sind ihr einziger Lebensraum.

Grüne Leguane sind in Mittel- und Südamerika weit verbreitet, doch am schönsten gezeichnet sind die in Costa Rica heimischen Leguane, von denen ein Exemplar auf unserem Bild gezeigt wird. Die erstaunlich flinken Tiere verbringen einen Großteil ihres Lebens in Bäumen.

Nahrung, um damit auszukommen. Wenn sie gefressen haben, verdauen sie in aller Muße; einige der größten Kriechtiere brauchen nur alle paar Monate eine Mahlzeit. Ein großes Säugetier würde eine so unregelmäßige Nahrungszufuhr nicht überleben. Deshalb sind die Wüsten vor allem Heimstatt der Reptilien.

LEBENSRAUM UND KÖRPERTEMPERATUR

Der Tag einer wüstenbewohnenden Echse beginnt damit, daß sie gemächlich ihr nächtliches Versteck verläßt. Noch ist sie unfähig, sich rasch zu bewegen oder auf Beutefang zu gehen, denn erst muß sie sich aufheizen. Sie bietet der Sonne eine möglichst große Körperfläche dar, und gleichzeitig nimmt sie die vom Untergrund und der Wüstenluft abgegebene Wärme auf. Die hautnahen Blutgefäße erweitern sich und verteilen die Wärme über das Blut im ganzen Körper, erwärmen die Muskeln und die Organe. Wenn die Außentemperatur sinkt, ziehen sich dieselben Blutgefäße

Ein ausgewachsener Drusenkopf wärmt sich in der Morgensonne auf. Die großen, für Menschen völlig ungefährlichen Tiere sind auf den Galápagos heimisch und können einen Meter lang werden.

Meerechsen ernähren sich hauptsächlich von Algen und Tang. Oft weiden sie bei Flut unter Wasser den Seetang ab.

Da Meerechsen häufig unter Wasser weiden, können sie gut schwimmen, wobei der Schwanz für den Vortrieb sorgt. Sie sind dem Leben im Meer gut angepaßt und können erstaunlich lang untergetaucht bleiben.

Auf den Galápagos gibt es zwei Drusenkopf-Arten. Die hier gezeigte ist auf der Insel Santa Fé heimisch und ernährt sich von saftigen Kakteen. Gefährdet sind sie durch die Ratten, Katzen und Hunde, die mit den Menschen auf die pazifischen Inseln gekommen sind.

zusammen, um die Wärme im Körper zurückzuhalten. Manche Echsen können den Körper abflachen, um mehr Körperfläche für die Wärmeaufnahme zu haben. Andere verändern ihre Färbung und werden dunkler, um mehr Wärme absorbieren zu können.

Ist die Körpertemperatur hoch genug, geht die Echse auf Beutefang. Die Beute besteht in der Regel aus Insekten. Auch sich schnell bewegende Insekten werden erjagt, da die meisten Echsen flink sind und gut sehen. In der Wüste wird es in den Mittagsstunden oft unerträglich heiß. Um eine Überhitzung zu vermeiden, ziehen sich viele Echsen in den Schatten zurück. Ist kein Schatten da, erklimmt die Echse Gestrüpp, um in luftiger Höhe einen kühlenden Luftzug zu finden, oder sie zieht sich in die Erde zurück, um die Körpertemperatur in erträglichen Höhen zu halten. Wenn sie abgekühlt ist, kehrt sie manchmal in die Sonne zurück, macht sich aber möglichst klein, damit die Erwärmung langsam vor sich geht. Auch der Wechsel zu einer helleren Färbung, die mehr Sonnenstrahlen zurückwirft, kann eine Überhitzung verhindern.

Ein anderes Beispiel für den Erfindungsreichtum von Echsen bieten die Meerechsen auf den Galápagos-Inseln. Sie reihen sich am Morgen in Reih und Glied auf, um möglichst viel Sonne abzubekommen. Erwärmt werden sie auch durch das dunkle Vulkangestein, auf dem sie ruhen. Wenn sie genügend aufgeheizt sind, gleiten sie in das kalte Pazifikwasser, um sich beim Abweiden von Seetang abzukühlen. Bald wird es ihnen zu kalt, und sie kehren an Land zurück, um sich erneut in der Sonne aufzuwärmen. Die besten Plätze für das Sonnenbad sind heftig umstritten und werden von den größten und stärksten Tieren besetzt. Sonnenbad und Nahrungsaufnahme unter Wasser wiederholen sich mehrmals am Tag.

Mit der Fähigkeit, die Körpertemperatur auf vielfältige Weise zu regulieren, können Reptilien die unterschiedlichsten Lebensräume der Erde besiedeln, ausgenommen die sehr kalten Polarregionen und das Hochgebirge.

Die grimmig aussehenden Meerechsen sind oft von einem weißen Pulver bestäubt. Dabei handelt es sich um Meerwassersalz, das sie von Zeit zu Zeit durch Drüsen in den Nasenhöhlen ausscheiden.

DAS SEHVERMÖGEN

Die einzigen Reptilien, die ein hochentwickeltes Sehvermögen haben, sind die Echsen, von denen viele sich schnell bewegende Beutetiere wie Insekten fangen. Zahlreiche Echsenarten sind prächtig gefärbt und tragen besonders in der Paarungszeit auffällige Zeichnungen, weshalb farbentüchtige Augen für sie lebensnotwendig sind. Ein typisches Beispiel ist das Männchen der afrikanischen Siedleragame, das im Ruhezustand unauffällig graubraun ist. Sobald es aber in Paarungsstimmung oder durch einen Rivalen erregt ist, wird sein Kopf feuerrot, Rücken und Beine färben sich blau und der Schwanz blau, rot und schwarz. Wasserbewohnende Reptilien wie Krokodile und viele Schildkrötenarten verlassen sich beim Beutefang mehr auf das Gehör und den Geruchssinn, die ihnen auch Gefahren melden und bei der Partnerwahl wichtig sind. Sie sehen alles, was sich in ihrer Nähe bewegt, das aber nur unscharf, und sind unfähig, sich für längere Zeit optisch auf unbewegliche Objekte zu konzentrieren. Ziemlich schlecht sehen die Schlangen, die nur Bewegungen in der Nähe wahrnehmen. So ist es ein guter Verteidigungsmechanismus, wenn ein Frosch bei der Annäherung einer Schlange erstarrt, denn diese erkennt ihn nur, wenn er sich bewegt. Dann freilich reagiert sie blitzschnell und macht mit dem Frosch kurzen Prozeß. Gut räumlich sehen können nur die Baumschlangen, die sich im Geäst verbergen und auf Vögel und Insekten Jagd machen.

Mit seiner orangeroten und blauen Färbung zählt dieses paarungsbereite Agamen-Männchen zu den farbenfrohesten aller Reptilien. Das »Hochzeitskleid« soll paarungswillige Weibchen anlocken.

Diese Nahaufnahme eines mexikanischen Leguans zeigt deutlich das schützende Schuppenkleid der Tiere. Große Augen und Nasenlöcher weisen auf einen gut entwickelten Gesichts- und Geruchssinn hin.

Die Kehlwamme dieses in Florida fotografierten Anolis (Saumfingers) ist ein optisches Signal für paarungswillige Weibchen und konkurrierende Männchen. Die Kehlwamme wird jeweils für ein paar Sekunden aufgebläht.

Dieser wie eine herabhängende Ranke aussehende Baumschnüffler verharrt stundenlang reglos in der Gewißheit, daß früher oder später ein Beutetier in Reichweite kommen wird.

GEHÖR- UND VIBRATIONSSINN

Die Sinnesorgane der Schlangen sind ganz anders als die der Echsen und anderer hörfähiger Reptilien. Ihr Gehörsinn ist so stark verkümmert, daß Schlangen allesamt taub sind. Deshalb reagieren sie nicht auf die Flötentöne eines Schlangenbeschwörers, sondern nur auf dessen rhythmische Bewegungen. Sie haben kein Außenohr und kein Trommelfell, können aber sehr niederfrequente Töne mit der Lunge wahrnehmen, die als Sinnesorgan für Vibrationen fungiert. Schlangen erkennen Beutetiere oder sich nähernde Räuber hauptsächlich dank der von diesen erzeugten Erschütterungen des Bodens, auf dem sie meist mit der ganzen Bauchfläche aufliegen, so daß ihr ganzer Körper Vibrationen registriert. Wer je versucht hat, sich vorsichtig einer Schlange zu nähern, um sie zu fotografieren, kennt diese Eigenheit.

Schlangen wie die Grubenottern und die Klapperschlangen haben ein Temperatur-Sinnesorgan, das die von lebenden Organismen ausgehende Wärmestrahlung erkennt. Zwischen Augen und Nasenlöchern liegen von einer dünnen Membran verdeckte Gruben, in denen Nervenäste enden. Dieses Organ nimmt Wärmeunterschiede wahr, die den Bruchteil eines Grades ausmachen, so daß die Schlange sogar bei vollkommener Dunkelheit Beutetiere orten kann. Manche der Riesenschlangen haben Lippengruben, die ähnlich funktionieren und dem gleichen Zweck dienen, doch sind sie weniger empfindlich als die Gesichtsgruben der Grubenottern und Klapperschlangen.

GESCHMACKS- UND GERUCHSSINN

Diese beiden Sinne sind für Schlangen sehr wichtig. Die »züngelnde«, gespaltene Zunge der Schlange nimmt in der Luft verteilte Duftstoffe auf und leitet sie zum Jacobsonschen Organ weiter, das in einer Vertiefung des Mundhöhlendaches liegt. Das Sinneszellengewebe dieses Organs nimmt sogar geringste Spuren von Duftstoffen wahr. In Ruhestellung kommen die beiden Spitzen der Zunge genau unter den Ausführungsgang des Jacobsonschen Organs zu liegen.

Auch für andere Reptilien ist der Geruchssinn von großer Bedeutung, und entsprechend hochentwickelt sind die Zonen des Gehirns, in denen dieser Sinn seinen Sitz hat. Weniger gut ausgebildet ist in der Regel der Geschmackssinn. Wie bei den Schlangen dient bei anderen Schuppenkriechtieren das Jacobsonsche Organ als eine Art von chemischem Sinnesorgan, dem die bei vielen Reptilienarten züngelnde, prüfend in die Luft gestreckte und rasch bewegte Zunge auch die ge-

Die ungiftige Kornnatter tötet ihre Beute durch Erwürgen. Sie kann bis zu 1,8 Meter lang werden und ernährt sich hauptsächlich von Ratten und Mäusen.

Der sehr behende Stirnlappenbasilisk ist in Mittelamerika heimisch. Er kann nicht nur an Land, sondern auch (über kurze Strecken) auf dem Wasser laufen, da seine Zehen durch einen Haftsaum verbreitert sind.

Der australische Busch ist die Heimat des Stummelschwanzskinks. Bei reichlichem Nahrungsangebot speichert er im Schwanz Fettreserven.

Die Zauneidechse ist in Europa und Westasien besonders in wärmeren Gebieten weit verbreitet. Je nach Witterung kommen die Tiere etwa im März aus ihren Winterquartieren, um sich in der Sonne zu wärmen.

ringsten Mengen von in der Luft verteilten Duftstoffpartikeln zuführt.

DER WASSERHAUSHALT

Viele Reptilien haben sehr trockene Lebensräume besiedelt. Für sie ist es wichtig, sich durch Regulierung des Wasserhaushalts vor Austrocknung zu bewahren. Das vermögen Echsen und Schlangen am besten, aber sie verdanken das nicht ihrer verhornten Oberhaut. Man nimmt an, daß sie fast ebensoviel Flüssigkeit durch die Haut abgeben wie Vögel und Säugetiere. Während aber bei den meist rasch atmenden Säugetieren die Lungen viel Wasser abgeben, geht bei den weit langsamer atmenden Reptilien auf diesem Weg nur wenig Körperflüssigkeit verloren. Viele Reptilien sind mit Salzdrüsen ausgestattet, die Blut und Körpergewebe entsalzen und das Salz, mit einem Minimum von Wasser vermischt, direkt ausscheiden, so daß zur Salzausscheidung weniger Urin gebildet werden muß. Andere unerwünschte Salze im Blut werden in Harnsäure umgewandelt, die mit sehr wenig Körperflüssigkeit ausgeschieden werden kann, während der von Säugetieren und Fischen gebildete Harnstoff mit viel Flüssigkeit aus dem Körper gespült werden muß. Die Meerechsen auf den Galápagos nicken oft mit den Köpfen und scheinen dabei Salz auszuspucken. In Wirklichkeit scheiden sie durch Drüsen in den Nasenhöhlen überschüssiges Salz aus, das in Form winziger Kristalle die umliegenden Felsen und die Artgenossen bedeckt.

REPTILIENEIER

Reptilieneier enthalten alles, das für die Entwicklung des Keimlings erforderlich ist. Die Nahrungsstoffe sind in Form von Dotter und Eiweiß vorhanden, Wasser nehmen die weichschaligen Echsen- und Schlangeneier aus der Umgebung auf, und in geringerem Maße tun dies auch die

Echsen der Gattung Tropidosaura sind auf den meisten Inseln der Galápagos anzutreffen. Ihre Vorfahren kamen – vermutlich auf Treibholz – schon vor vielen Jahrtausenden aus Südamerika.

hartschaligen Eier von Schildkröten, Krokodilen und Geckos. Mehrere Membranschichten verhindern das Eindringen von Schadbakterien, lassen aber die für die Atmung wichtigen Gase durch. Die den Keimling schützende Eihaut umgibt auch die Embryos von Vögeln und Säugetieren. Der Urharnsack (Allantois) nimmt die Stoffwechsel-Endprodukte des Keimlings auf und bildet die embryonale Lunge, die den Gasaustausch ermöglicht. Das Chorion ist eine Membran, die den Eiinhalt umschließt. Bei den Echsen und Schlangen ist die Eischale lederartig weich, während die stärker kalkhaltigen Schalen bei den Schildkröten- und Krokodileiern wie Vogeleier hart sind.

Das dotterreiche, hartschalige Ei hat es den Kriechtieren ermöglicht, erstmals in der Geschichte der Wirbeltiere die Keimlingsentwicklung aus dem Wasser auf das Land zu verlegen, während die Amphibien für ihre Fortpflanzung stets ins Wasser zurückkehren müssen.

Diese Erdnattern schlüpfen soeben aus. Die Weibchen legen zwischen zehn und dreißig Eier mit Vorliebe in verrottendes Laub in einem großen Astloch.

Die Sinnesorgane zum Orten von Beute befinden sich am Kopf der Texas-Klapperschlange. Die Augen sehen bei Tageslicht sehr gut, und die Zunge nimmt Geruchspartikel auf. Bei Dunkelheit kommen Wärmestrahlen-Detektoren ins Spiel, die ihren Sitz in Gruben zwischen Augen und Nasenlöchern haben.

SCHLANGEN

Schlangen gibt es auf der Erde seit etwa 130 Millionen Jahren, wie Fossilien aus der Kreidezeit bezeugen. Wahrscheinlich haben sie sich aus Echsen entwickelt, die in Anpassung an ein Leben unter der Erde ihre Beine verloren. Heute leben zwar die meisten Schlangen über der Erde, aber Beine sind ihnen nicht mehr gewachsen. Trotzdem können sie sich mit großer Geschicklichkeit fortbewegen und haben vielerlei Fertigkeiten entwickelt. Sie können nicht nur schwimmen, sondern viele Arten können auch Bäume erklimmen. Sie sind so schnell, daß sie auch flinke Beutetiere erlegen können, und sind imstande, Tiere im ganzen zu verschlingen, die einen weit größeren Durchmesser haben als sie selbst.

Man kennt heute etwa 2600 Schlangenarten. Fast alle Schlangen fressen lebende Tiere, doch gibt es ein paar Ausnahmen wie die Eierschlangen und einige Aasfresser, aber in der Regel wird Beute nur geschlagen, wenn sie sich bewegt.

FORTBEWEGUNG

Obwohl beinlos, sind Schlangen sehr behende, können rasch fliehen oder flüchtige Beutetiere einholen. Sie sind ausgezeichnete Schwimmer; ihr »Schlängelschwimmen« gleicht dem der Aale. Bei den ausgesprochenen Seeschlangen wird diese Art der Fortbewegung durch die seitlich stark zusammengedrückte Form des Schwanzes unterstützt. Auf dem Trockenen, also auf dem Boden, gibt es vier Fortbewegungsarten. Schlanke Schlangen bedienen sich hauptsächlich der horizontalen Wellenbewegung, mit der sie überraschend schnell vorankommen. Dabei stoßen sie sich an Unebenheiten des Bodens ab. Besonders kurze, dicke Giftschlangen, aber auch manche der längsten und schwersten Schlangen wie Boas, Pythons und Anakondas bevorzugen die langsamere Raupenbewegung, wobei Rippengruppen abwechselnd angehoben und nach Nachziehen der Haut wieder abgesetzt werden. Jede Körperseite verfügt über zahlreiche solche Rippengruppen, so daß bei gerade ausgestreckter Wirbelsäule eine Schlängelbewegung in der Vertikalen auftritt, die sich in der ganzen Länge des Körpers fortsetzt. Auf diese Weise können auch Bäume erklommen werden, wobei

Um auf losem Sand schneller voranzukommen und die Kontaktfläche mit dem glühend heißen Untergrund möglichst klein zu halten, windet sich die Gehörnte Klapperschlange seitlich voran, was eine typische Spur hinterläßt.

Obgleich Anakondas einen Großteil ihrer Zeit im Wasser verbringen, können sie auch Bäume erklimmen. Anakondas sind die Riesen unter den Schlangen. In Teilen des Amazonasbeckens, in denen man ihnen nicht nachstellt, können sie Längen von über neun Meter erreichen.

Eine indonesische Buntpython hat das Gewässer verlassen, in dem sie sich abgekühlt hat. Die meisten Pythonarten halten sich gern im Wasser auf, in dem sie unter anderem Fische und Frösche erbeuten.

kleine Unebenheiten der Stämme und Äste ein nahezu senkrechtes Aufwärtsklettern ermöglichen. Mittelschlanke Schlangen wie die Kreuzotter bewegen sich im »Regenwurmgang« voran, indem sie mittels der abstellbaren Bauchschienen den vorderen Teil verankern und den hinteren Teil nachschieben, dann diesen verankern und den vorderen Teil weiter voranschieben. So geht eine harmonische Wellenbewegung durch den Schlangenkörper.

Eine seltenere Form der Fortbewegung ist das Seitenwinden, dessen sich nur einige Wüstenschlangen bedienen, um auf dem losen und manchmal glühend heißen Sand voranzukommen. Dabei werden zwei Abschnitte des Körpers, der eine hinter dem Kopf, der andere vor dem Schwanzende, abwechselnd angehoben und abgesetzt, also gleichsam wie Beine benutzt. So kommt keine fortlaufende Schieb- und Schleifspur wie bei den meisten Schlangen, sondern eine nicht zusammenhängende Spur zustande, bei der die Abdrücke der beim Vorankommen benutzten Körperabschnitte an die Fußtritte eines Zweibeiners erinnern.

Die Namagwa-Zwergotter lebt in südafrikanischen Wüstenregionen. Sie gräbt sich teilweise in den Sand ein, um sich vor der glühenden Sonne zu schützen und sich vor ihren Beutetieren, kleinen Säugern, zu »tarnen«.

Die sehr giftige afrikanische Puffotter vermag sich durch Eingraben ausgezeichnet zu tarnen. Sie bewegt sich wie andere wüstenbewohnende Schlangen seitenwindend voran.

STUMME JÄGER

Die einzigen Waffen der meisten Schlangen sind ihre Kiefer und Zähne. Zum Ergreifen und Schlagen der Beute gibt es verschiedene Methoden. Manche Schlangen warten reglos, bis sich ein Beutetier nähert, andere verfolgen ihre Beute aktiv. Der Vorstoß mit weit aufgerissenem Maul erfolgt in jedem Fall scheinbar blitzschnell, aber in Wirklichkeit entspricht die Geschwindigkeit der einer zuschlagenden menschlichen Faust; entscheidend für den Beutefang ist das Überraschungsmoment. Ein typisches Beispiel ist die in Europa weit verbreitete Ringelnatter. Sie verschlingt ihre noch lebende Beute, gewöhnlich einen Frosch oder einen kleinen Fisch, im ganzen und zieht sich dann zum Verdauen an einen sicheren Ort zurück. Das überraschte und meist verhältnismäßig kleine Beutetier leistet in der Regel keinen Widerstand.

Schlangen, die auf größere Beute aus sind, müssen diese vor dem Verschlingen wehrlos machen. Um nicht durch fliehende Hufe, scharfe Klauen

Das geduldige Abwarten dieser südostasiatischen Peitschennatter hat sich gelohnt. Eine nichtsahnende Echse kam in Reichweite des Reptils und wurde blitzschnell gepackt.

Um Angreifer zu täuschen, verfallen Hakennattern in eine Art Starrkrampf und stellen sich tot. Wenn man die scheinbar tote Schlange mit einem Stock umdreht, wirft sie sich sofort wieder auf den Rücken.

Dünnschlangen der Gattung Rhadinea leben vorzugsweise in morastigen Wäldern, wo sie sich von Fröschen und Insekten ernähren und sich tagsüber in bemoosten, verrottenden Baumstümpfen verbergen.

und zuschnappende Zähne eines Beutetiers gefährdet zu werden, muß dieses zunächst getötet werden. Manche Schlangen umschlingen mit ihrem muskulösen Körper die Beute, zermalmen sie aber nicht, sondern ersticken sie, indem sie nach jedem Ausatmen des Opfers die Schlingen enger ziehen, so daß es schließlich überhaupt nicht mehr atmen kann. Dieser Methode bedienen sich sämtliche Riesenschlangen, die Boas, die Pythons und die größten aller Schlangen, die bis zu neun Meter langen Anakondas: Sie alle erbeuten und ersticken große Säugetiere wie Hirsche und Wildschweine. Aus Südamerika gibt es Berichte, daß der Großen Anakonda, dem längsten Kriechtier der Welt, immer wieder Menschen zum Opfer fallen.

Eine Erdnatter verschlingt einen Frosch. Um auch sehr große Beute verschlingen zu können, vermag die Natter den Unterkiefer auszuklinken.

Diese Tangaha nasuta *aus Madagaskar ist ein Musterbeispiel für Tarnung im Tierreich. Insekten und Echsen haben kaum eine Chance, diesen im Gestrüpp lauernden Räuber rechtzeitig zu erkennen.*

Im Dickicht des ecuadorianischen Regenwalds ist diese Glanzspitznatter kaum auszumachen. Sie ernährt sich hauptsächlich von Insekten und Vögeln, die sie blitzartig überfällt.

Diese Riemennatter ist nach ihrer auffälligen Zeichnung benannt. Ihr Verbreitungsgebiet reicht vom tropischen Mexiko über Mittelamerika bis ins nördliche Bolivien.

In den mittleren Staaten der USA ist die Strumpfbandnatter weit verbreitet. Die kalten Monate verbringen die Nattern in Winterquartieren, in denen sie sich oft massenweise einfinden.

In den Regenwäldern Mittel- und Südamerikas ist die Regenbogenboa sehr häufig anzutreffen. Sie ist nachtaktiv und erbeutet, gewöhnlich auf dem Boden, Vögel und kleinere Säugetiere.

Es ist verbürgt, daß die in Südostasien heimische Netzpython bis zu 7,5 Meter lang werden kann. Ihre Hauptnahrung sind kleine und mittelgroße Säugetiere.

KÖNIGSSCHLANGEN

Die Königsschlange (Abgottschlange, *Boa constrictor)* hat zwar keine Giftdrüsen, aber ein gefährliches Gebiß, das schwere Wunden schlagen kann. Wenn sie ein Opfer erwürgt hat, löst sie die Umschlingung und prüft zunächst die Beute mit der Zunge. Dann richtet sie sich in der Verlängerung der Körperachse des Opfers aus und beginnt, dieses mit weit aufgerissenem Maul mit dem Kopf voraus zu verschlucken. Da ihr Gebiß es ihr nicht ermöglicht, die Beute zu zerreißen oder zu kauen, muß sie im ganzen verschlungen werden. Das ist ein eindrucksvolles Schauspiel, bei dem der Kieferapparat aus lose beweglichen Knochen so gespreizt wird, daß das Maul die

Die Königsschlange gehört zu den am schönsten gezeichneten Schlangen der Welt. Wie ihr zoologischer Name Boa** constrictor **verrät, tötet sie ihre Opfer, indem sie ihnen durch Umschlingen die Atemluft abschneidet.

Die Regenwälder Mittelamerikas und des südamerikanischen Nordens sind die Heimat der giftigen Schlegelschen Lanzenotter. Am Schwanz im Geäst aufgehängt, lauert sie auf Frösche und Echsen.

Für den Zoologen ist es ein interessantes Schauspiel, aber den Laien schaudert es, wenn er sieht, wie ein afrikanischer Felsenpython ein Impala verschlingt. Zum Fressen großer Beutetiere können Schlangen ihre Kiefer ausklinken.

Beute umfassen kann. Diese wird von den rückwärts gebogenen Zähnen des Unterkiefers langsam nach hinten in den stark erweiterungsfähigen Schlund und Verdauungstrakt geschoben, was die Schlange durch Körperkontraktionen unterstützt. Stets wird die Beute mit dem Kopf voraus verschlungen, damit sich die Glieder an den Leib legen und sich nicht im Verdauungskanal sperren. Auch mit ihresgleichen verfahren schlangenfressende Schlangen ebenso, obwohl Schlangen keine Glieder haben, doch könnten die Schleimhäute des Verdauungstrakts durch sich spreizende Schuppen verletzt werden. Damit die Beute besser rutscht, wird der Speichelfluß verstärkt. Nach dem Verschlingen eines großen Beutetiers wirkt der Schlangenleib wie aufgebläht, und man kann von außen das langsame Hinabgleiten des Opfers verfolgen, das ganz allmählich verdaut wird. Das kann je nach der Größe der Beute Wochen dauern, und in dieser Zeit rührt sich die Schlange nicht vom Fleck. Sie geht erst wieder auf Jagd, wenn das Opfer völlig verdaut ist.

Der aufgerissene Schlund einer Anakonda. Bei den Schlangen sind die Schädelteile nur lose miteinander verbunden, so daß sie zum Verschlingen großer Beute elastisch gelöst werden können.

GIFTSCHLANGEN

Manche Schlangen, die ihre Beutetiere nicht im ganzen verschlingen oder erdrosseln können, setzen Gift ein, um ihre Opfer zu töten. Sogar manche kleinen und scheinbar harmlosen Arten sondern giftigen Speichel ab, mit dem sie ihre Beute lähmen. Andere spritzen ihren Opfern mit Hilfe spezieller Fangzähne hochwirksame Gifte ein. Die beiden kanülenartigen Giftzähne sind beweglich; sie können bei Nichtgebrauch in die Mundhöhle eingeschlagen werden und sind dann unter Hautfalten verborgen. Im Oberkiefer sitzt die gifterzeugende Drüse. Bei den meisten Giftschlangen wird das Gift in die Kanäle der Fangzähne gepreßt und unter Druck in die Bißwunde gespritzt. Bei den giftspuckenden Schlangen wie der afrikanischen Speikobra wird das Gift durch die nach vorn gerichtete Giftöffnung im Zahn mit tödlicher Genauigkeit zwei bis drei Meter weit gespritzt. Das Gift ist so stark, daß es, falls es in die Augen gelangt, Säugetiere (und auch Menschen) erblinden läßt. Dieses Giftspritzen dient vermutlich mehr der Verteidigung als dem Beuteerwerb.

Die giftigste aller Schlangen ist wohl die Königskobra, die bis zu 5,5 Meter lang werden kann. Ihre verhältnismäßig kleinen Giftzähne sehen nicht gerade furchterregend aus, können aber mehr Gift verspritzen als die Fangzähne aller anderen Giftschlangen. Das hochwirksame Gift kann einen Elefanten in vier Stunden und einen Menschen in fünfzehn Minuten töten. An sich ist die Königskobra friedlich und greift nur an, wenn sie extrem gereizt wird. Aus diesem Grund fordert ihr starkes Gift weniger Opfer als das der weit kleineren Indischen Kobra.

Der Giftzahn einer Texas-Klapperschlange funktioniert beim Zubeißen wie eine Injektionsspritze. Die Giftflüssigkeit wird aus einer Drüse in den Zahn gepreßt und tritt über die Ausflußöffnung des Zahns in den Körper des Opfers ein.

Eine Texas-Klapperschlange in Abwehrstellung kurz vor dem Zuschlagen. Wenn der Angreifer nicht durch die Klapper abgeschreckt wird, greift die Schlange unverzüglich an.

Ein Kupferkopf reißt in Drohstellung den Rachen auf. Die beiden Fangzähne sind unter Hautfalten verborgen. Diese Schlangenart, die sich vornehmlich von kleinen Säugetieren ernährt, ist im Osten der Vereinigten Staaten weit verbreitet

Wie der Name verrät, lebt die in Thailand und Malaysia heimische Mangroven-Nachtbaumnatter vornehmlich in Mangrovenwäldern. Sie ist nachtaktiv und giftig. Ihre Beute besteht hauptsächlich aus Fröschen und Echsen.

Giftnattern verspritzen ein sehr starkes Gift, doch wirkt es nur langsam. Deshalb zieht sich die Klapperschlange nach ihrem todbringenden Vorstoß wieder in die Ausgangsstellung zurück. Je nach Größe kann das gebissene Beutetier sich mehr oder weniger weit entfernen, ehe das Gift seine Wirkung zeigt. Die Klapperschlange findet es aber aufgrund der Geruchsspur und mit Hilfe des Jacobsonschen Organs, das selbst geringste Geruchspartikel wahrnimmt.

Schlangenzähne sind nicht sehr stabil und müssen deshalb fortwährend ersetzt werden. Viele Zähne gehen im Kampf mit sich wehrenden Beutetieren verloren oder brechen ab. Dies gilt besonders für die spitzen Giftzähne. An ihre Stelle treten nach kurzer Zeit die ständig nachwachsenden Ersatzzähne.

Die Wasser-mokassinschlange hat eine weiße Racheninnenseite und wird deshalb auf englisch »Baumwollschlund« genannt. Sie lebt vornehmlich im Wasser und ist sehr giftig. Das Tier auf unserem Bild hat die Drohstellung eingenommen.

Seeschlangen gehören zu den giftigsten aller Schlangen. Das Gift dieser in einem australischen Korallenriff fotografierten Seeschlange tötet einen Fisch fast augenblicklich.

Folgende Doppelseite: Weil sie so schwer zu erkennen ist, wird die todbringende Gabunviper in ihrer afrikanischen Heimat sehr gefürchtet, wo sie oft reglos auf belaubten Wegen lauert. Erst wenn sie zubeißt, werden die langen Giftzähne sichtbar.

Angesichts einer Bedrohung hat diese Schwarzweiße Kobra ihre Nackenhaut zum Hut gespreizt, um sich größer erscheinen zu lassen. Kobras sind äußerst giftig; ihre Bisse töten Jahr für Jahr Hunderte von Menschen.

Als größte Giftschlange der Welt kann die Königskobra mehr als fünf Meter lang werden. Sie ernährt sich hauptsächlich von anderen Schlangen, greift aber, wenn sie gereizt wird, auch Menschen an.

Die Brillenzeichnung auf dem Kopf einer in Drohhaltung aufgerichteten Kobra läßt die Schlange noch unheimlicher aussehen. Im Ruhezustand verschwinden Hut und Brillenzeichnung.

Die Gewöhnliche Puffotter ist eine in Afrika weit verbreitete gefährliche Giftschlange. Mit ihrer Färbung ist sie vorzüglich ihrer Umgebung angepaßt und vom welkenden Laub, auf dem sie gern liegt, kaum zu unterscheiden.

Die winzige Eigentliche Zwergklapperschlange ist nur in Florida und den angrenzenden Südstaaten der USA verbreitet und am ehesten im trockenen Grasland der Everglades anzutreffen. Sie frißt hauptsächlich kleine Säuger und Echsen.

Wunderschön gezeichnet und gefärbt ist die in Südostasien heimische Waglers Lanzenotter. Im offenen Maul erkennt man die teilweise von Hautlappen verdeckten Giftzähne.

Das Gift besteht aus einer stark wirkenden Mischung von Enzymen und Eiweißverbindungen. Sie zerstört lebendes Gewebe und spielt bei der Verdauung eine gewisse Rolle. Die Zusammensetzung des Giftes ist von Schlangenart zu Schlangenart verschieden, aber meist enthält es eine Substanz, die das Nervensystem lähmt, und eine andere, die den Herzmuskel lähmt, so daß der Kreislauf zusammenbricht. Eine Komponente zerstört das Bluteiweiß, während eine andere das Blut zum Gerinnen bringt. Viele Giftschlangen können die Giftmenge je nach Größe des Beutetiers dosieren; kleine Tiere töten sie mit kleinen Giftmengen, während in große Beute erheblich mehr Gift eingespritzt wird.

Mit ihrer Klapper meldet sich die Klapperschlange bei Tieren, die ihr gefährlich werden könnten. Die Klappern bestehen aus lose ineinandergreifenden Hornringen an der Schwanzspitze.

Die zentralafrikanische Nashornviper ist eine sehr giftige Schlange der Regenwälder, die sich von kleinen Säugetieren und Vögeln ernährt.

SCHUPPENKRIECHTIERE

Diese Unterklasse der Klasse Kriechtiere zählt etwa dreitausend Arten, die höchst unterschiedlich und weltweit verbreitet sind. Ihre Länge reicht von wenigen Zentimetern bis zu etwa drei Meter. Formen, Färbungen und Freßgewohnheiten sind sehr vielfältig. Viele sind flinke Bodenbewohner, die sich von Insekten ernähren, andere sind beinlos und leben unter der Erde, und wieder andere schwingen sich von Baumwipfeln aus durch die Lüfte. Schließlich gibt es noch pflanzenfressende Arten, die sich sehr gemächlich bewegen.

AASFRESSER UND GIFTECHSEN

Die eindrucksvollste aller Schuppenechsen ist der Komodo-Waran, der bis zu drei Meter lang und 140 Kilogramm schwer werden kann. Diese Waran-Art kommt nur auf der Insel Komodo und einigen anderen indonesischen Inseln vor. Das krokodilähnliche Tier lebt an Land und ernährt sich hauptsächlich von Aas, das es mit Hilfe seiner gespaltenen Zunge und des Jacobsonschen Organs aufspürt. Dank seiner Größe und Stärke kann es mit seinen scharfen Klauen Säugetiere bis zur Größe von Hirschen, Wildschweinen und Affen erbeuten. Mit seinen Zähnen kann es die Opfer

Wie alle Warane ist dieser indonesische Bindenwaran ein Raubtier, das vorwiegend tagaktiv ist. Die ständig züngelnde Zunge prüft die Luft auf den Geruch von Beutetieren. Die meisten Warane suchen auch im Wasser nach Nahrung.

Bei Gefahr spreizt die Kragenechse ihren farbigen Kragen, eine große Hautfalte unter und neben dem Kopf, um größer zu erscheinen und den Feind zu beeindrucken.

Ein ausgewachsener Komodo-Waran kann, den Schwanz eingeschlossen, bis zu drei Meter lang werden. Die trotz ihrer Größe flinken Tiere erbeuten sogar Wildschweine.

Es gibt Berichte, daß Komodo-Warane Menschen angegriffen haben. Diese eindrucksvolle Waran-Art ist fast nur auf der südostasiatischen Insel Komodo anzutreffen.

zerreißen. Oft frißt der Waran so viel, daß er sich tagelang nicht von der Stelle rühren kann. Junge Komodo-Warane fangen und fressen wie andere Echsen Vögel, Nagetiere, kleine Echsen und Insekten. Meist halten sie sich vorsichtshalber von ihren nicht ungefährlichen ausgewachsenen Artgenossen fern.

Die einzigen giftigen Echsen sind die im Südwesten der Vereinigten Staaten und im Nordwesten Mexikos verbreiteten Krustenechsen, von denen es zwei Arten gibt, die Gila-Krustenechse und die Skorpions-Krustenechse. Ihre Giftdrüsen im Unterkiefer stehen nicht, wie bei den Giftschlangen, mit hohlen Fangzähnen in Verbindung, sondern geben das Gift in den Speichel ab, und mit diesem gelangt es in die Bißwunden. Ihre Beute sind hauptsächlich nestjunge Vögel und Nager sowie die Eier von Vögeln und Kriechtieren, für die an sich kein Gift notwendig wäre. In der heißen Jahreszeit halten sie sich in Erdhöhlen auf, die sie auch in der Dunkelheit nur selten verlassen. Während den hitzebedingten monatelangen Fastenzeiten leben sie von den Fettreserven, die sie in günstigen Perioden in ihrem Schwanz speichern. Eine Gila-Krustenechse soll in Gefangenschaft drei Jahre lang keinerlei Nahrung aufgenommen haben. Bei Anbruch der Regenzeit, wenn die bodenbrütenden Vögel und die Nagetiere ihre Jungen bekommen, gehen die Krustenechsen wieder auf Nahrungssuche, wobei sie ihre Beute unter stetem Züngeln mit Hilfe des Jacobsonschen Organs ausmachen und sich so viel Fett anfressen, daß sie die nächste Trockenperiode überstehen können.

Die Färbung dieses madegassischen Blattschwanzgeckos entspricht genau der Farbe der Baumrinde, auf der er sich aufhält. Dank dieser Tarnung entgeht er Feinden und wird von seinen Opfern nicht rechtzeitig erkannt.

GECKOS

Die Geckos werden auch Haftzeher genannt, weil ihre Zehen lamellenartige Haftpolster mit winzigen Hakenzellen tragen, mit deren Hilfe sie sich auf glatten Flächen wie Glas, Gestein und Baumrinde, aber auch an den Decken in Häusern bewegen können, ohne herabzufallen. In vielen Ländern rings ums Mittelmeer und im Mittleren Osten sind Geckos heimisch, von denen es 83 Gattungen mit rund 670 Arten gibt. Sie sind dort gern gesehene Hausgenossen, da sie die Wohnungen von Ungeziefer frei halten. Tagsüber bleiben die Geckos versteckt, sofern sie sich nicht an einer Hausmauer sonnen. Erst nach Einbruch der Dunkelheit gehen sie auf Beutefang, wobei sie sich auf ihr ausgezeichnetes Sehvermögen verlassen. Der Geruchssinn scheint bei Geckos nur eine untergeordnete Rolle zu spielen; ihre Zungen sind weit fleischiger als die anderer Echsen, so daß sie nicht züngeln können. Wenn der Gecko ein Insekt ausgemacht hat, schleicht er sich behutsam an, um es mit einem blitzschnellen, gezielten Sprung zu packen und zu verschlingen.

Dieser nikaraguanische Krallengecko zeigt den für die Tierart typischen großen Kopf mit großen Augen. Geckos sind in der Regel nachtaktiv und tagsüber kaum zu sehen.

Anders als die meisten Echsen haben Geckos keine Augenlider; geschützt werden die Augen durch eine transparente Membran. Diese wird von den Geckos mit der Zunge gesäubert.

Wie seine Artverwandten kann dieser Tokee auf scheinbar völlig glatten Flächen hochklettern. An den Füßen hat er Haftpolster mit Hakenzellen, die sich in die winzigsten Unebenheiten eines Untergrunds einkrallen.

Nur wenige Reptilien sind so vorzüglich getarnt wie der Gestreifte Plattschwanzgecko auf Madagaskar. In Färbung und Hautbeschaffenheit gleicht er einem Ast. Der Gecko kann lange Zeit völlig reglos verharren, was die Täuschung noch verstärkt.

Anders als die meisten Geckoarten ist der Boehms Riesengecko tagaktiv und verläßt sich dabei auf seine vorzügliche Tarnung im Laubwerk. Unser Bild zeigt ein Männchen; die Weibchen sind dunkler gefärbt.

Folgende Doppelseite: Das Ostafrikanische Dreihornchamäleon ist nach den hornartigen Auswüchsen auf dem Kopf benannt. Es bewegt sich in seiner Heimat gemächlich durch das Unterholz der Wälder.

CHAMÄLEONS

Zu den interessantesten Echsen zählen die Chamäleons wegen ihrem geradezu sprichwörtlichen Farbwechselvermögen und ihren blitzschnell herausgeschleuderten langen Zungen. Verbreitet sind die Chamäleons in den Mittelmeerländern, in ganz Afrika, auf Madagaskar und der Arabischen Halbinsel, in Südindien und Malaysia. Sie sind weniger flink als andere Echsen und verlassen sich in erster Linie auf ihre ausgezeichnete Tarnung. Wenn sie auf Beute lauern, verankern sie sich gern mit Füßen und Greifschwanz in einer Astgabel. Mit ihrem langen Schwanz können sie den Ast umschlingen, und die Füße bilden Greifzangen, die sicheren Halt gewähren. Dergestalt gesichert verharrt das Chamäleon regungslos und wartet, bis ein Beutetier in Reichweite kommt. Es kann die Augen unabhängig voneinander bewegen und hat so ein großes Blickfeld. Kommt ein fliegendes Insekt näher, wendet das Chamäleon den Kopf in seine Richtung, läßt rascher, als das menschliche Augen zu sehen vermag, die lange Zunge vorschnellen, umfaßt das Opfer mit der keulenartig verdickten, klebrigen Zungenspitze und führt sie ins Maul zurück. Größere Opfer wie Heuschrecken werden kurz gekaut, doch gewöhnlich wird die Beute unverzüglich und unzerkleinert herabgeschluckt. Die Zunge kann länger sein

Die nach vorn gerichteten Schnauzenhörner des Ostafrikanischen Dreihornchamäleons kommen in der Paarungszeit bei Territorialkämpfen der Männchen ins Spiel. Die Hörner der Weibchen sind viel kleiner.

Trotz seiner auffälligen Gestalt ist dieses im Jemen beheimatete Chamäleon der Art Chamaeleo calypatru *im Laubwerk überraschend gut getarnt. Die Färbung paßt zur Farbe der Flechten, von denen die Äste bedeckt sind.*

Das Parsons-Chamäleon kann wie andere Chamäleon-Arten die Augen unabhängig voneinander bewegen. So kann es mit einem Auge nach Beute und mit dem anderen nach Gefahren Ausschau halten.

Aus der Nähe gesehen ist das Pantherchamäleon-Männchen schön und farbenfroh gezeichnet. Das harte Schuppenkleid schützt das Tier vor Angreifern und vor Austrocknung.

Chamäleons sind Meister der Tarnung, können sie doch ihre Färbung entsprechend ihrer Umgebung verändern. Dieses madegassische Pantherchamäleon ist auf dem Bild kaum zu erkennen.

als der Körper des Chamäleons; ein 18 Zentimeter langes Tier kann eine bis zu 30 Zentimeter lange Zunge haben, die mit tödlicher Treffsicherheit zupackt. Im Ruhezustand liegt die Zunge auf dem Grund des großen Maules. Eine große Hilfe für das Chamäleon ist die Fähigkeit, seine Färbung der Farbe seiner Umgebung anzupassen, so daß es in dichtem Pflanzenwuchs fast unsichtbar ist. Deshalb wird es nicht nur von seinen Beutetieren nicht rechtzeitig erkannt, sondern entgeht auch den zahlreichen Feinden, die seinen Lebensraum teilen. Der Farbwechsel der Chamäleons hängt nicht unbedingt vom Untergrund ab; eine größere Rolle spielen Stimmungen. Häufig ist der Farbwechsel mit Gestaltsveränderungen verbunden, die durch Aufblasen oder Aufstellen von Kopflappen u.ä. bewirkt werden. Manche Tiere versuchen auch, durch Vor- und Zurückschaukeln ihre Konturen aufzulösen, so daß sie einem vom Wind bewegten Blatt ähneln.

Die tödlichste Waffe des Chamäleons ist seine Zunge. Bei vielen Arten ist sie länger als der Körper und wird im Mund zusammengerollt. Wenn ein Beutetier ausgemacht ist, kann die Zunge im Bruchteil einer Sekunde hervorschnellen und mit der Spitze das Opfer ergreifen.

Der Salomonen-Riesenskink hält sich mit dem Greifschwanz an Zweigen und Ästen fest. Andere Skink-Arten haben für das Klettern spezielle Greiffüße entwickelt.

Dieser Mississippi-Alligator wurde im Everglades-Nationalpark fotografiert, doch die gleiche Vegetation findet sich auch in den Sumpfgebieten der US-amerikanischen Südstaaten. Im warmen Wasser wimmelt es von Fischen, der Hauptnahrung dieser Alligatoren.

KROKODILE

Die Krokodile, zu denen Alligatoren, Kaimane, Eigentliche Krokodile und der Gavial zählen, sind die nächsten Verwandten der längst ausgestorbenen Dinosaurier. Die Ordnung *Crocodylia* umfaßt rund fünfundzwanzig Arten, die von ein bis über sieben Meter lang sein können. Sie alle bewohnen die wärmeren Gebiete unseres Planeten und sind meist in ufernahem Süßwasser, seltener in Brack- und Meerwasser anzutreffen. Alle sind sie gefräßige Räuber, die auch dem Menschen sehr gefährlich werden können.

LEBENSWEISE

Wie alle Reptilien verbringen ausgewachsene Krokodile viel Zeit in der Sonne, um ihren Körper aufzuheizen, halten sich aber gern in der Nähe von Wasser und Schatten auf, um rasch Kühlung zu finden. Dank ihres hochentwickelten Geruchssinns können sie Aas aus großen Entfernungen ausmachen. Wenn sich ein bequemes Mahl in Form eines großen Säugetieraases anbietet, verschmähen sie es nicht, aber sie sind auch geschickte Jäger, die lebende Beute schlagen können. Manchmal liegen sie in flachem Wasser, aus dem nur die Augen und die Nasenlöcher herausschauen, und warten, bis ein Beutetier zum Trinken kommt. Sie nähern sich ihm behutsam und packen dann blitzschnell zu, fassen das Opfer an Schnauze oder Bein, zerren es unter Wasser und warten, bis es ertrunken ist. Dann wird es meist im Wasser, gelegentlich auch an Land verschlungen. Mit seinen mächtigen Kiefern und scharfen Zähnen kann das Krokodil frischtote Beute nicht zerbeißen oder zerkauen. Um Fleischstücke aus einem Körper herauszureißen, beißt es sich fest und dreht sich dann im Wasser ruckartig um seine Längsachse. Ist ein Bissen abgerissen, wird er im ganzen verschlungen, wobei ruckartige Bewegungen helfen, ihn tiefer in den Rachen zu werfen. Ist ein Beutetier zu groß, um auf einmal gefressen zu werden, werden die Reste für ein späteres Mahl beiseite geschafft. In den heißen Tropen geht das Fleisch rasch in Verwesung über, aber das scheint die meisten Krokodile nicht zu stören – im Gegenteil, sie scheinen verrottendes Fleisch zu bevorzugen, weil es für sie leichter verdaulich ist. Krokodile sind wegen ihrer Gefräßigkeit und unberechenbaren Wildheit verschrien, aber im Haushalt der Natur erfüllen sie eine wichtige Aufgabe, weil sie in Seen und Flüssen die »Aufräumarbeit« übernehmen, die Geier und Hyänen auf dem Land leisten.

Gelegentlich fallen auch Menschen den Krokodilen zum Opfer, wenn ihre Boote kentern oder sie sonstwie in Gewässern verunglücken, in denen Panzerechsen hausen. Diese lauern freilich auch gelegentlich Menschen auf und greifen sie an. Große Krokodile verschlucken manchmal Steine, um weniger Auftrieb zu haben, wenn sie im tiefen Wasser ihre Beute so lange gepackt halten, bis sie ertrunken ist. Kleinere Beutetiere werden durch eine blitzschnelle Seitenbewegung des Kopfes erfaßt, noch ehe sie die Gefahr erkannt haben. Manchmal schleudern Krokodile mit kräftigen Schlägen ihres muskulösen Schwanzes Opfer direkt ins weit aufgerissene Maul. Die meisten Krokodilarten können mit Hilfe ihrer seitlich abgeflachten Schwänze vorzüglich schwimmen, wobei sie die Beine seitlich an den Körper anlegen.

Fische spielen in der Ernährung vieler Krokodilarten eine große Rolle; auch sie werden durch schnelle Seitwärtsbewegungen des Kopfes erbeutet. Große Fische werden an die Oberfläche gebracht und mit dem Maul so zurechtgeschubst, daß sie mit dem Kopf voraus verschlungen werden können, oder sie packen sie mit dem Maul und schlagen sie so lange gegen Steine oder Baumstämme, bis sie tot sind. Die Alligatoren in den Everglades in Florida heben zu Beginn der Trockenzeit mit kräftigen Schwanzschlägen Gruben aus, in denen sich das Wasser sammelt. Nicht nur sie ziehen sich in und um diese Wasserlöcher zurück, sondern das tun auch Fische, Schildkröten und Wasservögel, die den Alligatoren reichlich

Nilkrokodile ernähren sich hauptsächlich von den großen Fischen, die in den warmen Gewässern ihres Verbreitungsgebiets reichlich vorhanden sind.

Diese Schildkröte hat sich im Everglades-Nationalpark in Florida auf den Rücken eines Mississippi-Alligators gesetzt. Das ist nicht ganz ungefährlich, denn Alligatoren fressen gelegentlich auch Schildkröten.

Auch Schlangen gehören zu den Beutetieren junger Mississippi-Alligatoren. Wenn sie in den Zähnen des Alligators sind, gibt es für sie kein Entrinnen mehr.

Nahrung bieten. In Gebieten ohne Alligatoren, in denen es keine solchen Wasserlöcher gibt, fehlen auch die zahlreichen Tiere, die auf Wasserstellen angewiesen sind.

FORTPFLANZUNG

Früher glaubte man, daß die gefräßigen Krokodile auch ihren Nachwuchs nicht verschonen und zumindest einen Teil der eigenen Brut auffressen. Heute weiß man, daß das keineswegs stimmt. Viele Krokodilarten sind für ihre Brutfürsorge bekannt. Die Weibchen schichten verrottende Pflanzenteile zu Nestern auf, in die sie ihre Eier legen, und verteidigen das Gelege erbittert gegen jeden Eiräuber. Das Nest ist so angelegt, daß die Temperatur bei den Eiern durch Lüften des Geleges konstant gehalten werden kann. Gewöhnlich ist der Nisthaufen schwimmfähig, so daß Hochwasser dem Gelege nicht gefährlich ist. Unmittelbar vor dem Schlüpfen beginnen die Jungen in den Eiern zu quäken, worauf das Weibchen die Abdeckung des Nistplatzes mit dem Bauch wegschiebt, wobei ihm manchmal auch das Männchen hilft. Die Mutter packt die frisch geschlüpften Jungen mit dem Maul und trägt sie behutsam zum Wasser. Die Kleinen müssen das Schwimmen nicht lernen und finden selbständig ihre Nahrung, bleiben aber dennoch bis zu zwei Jahre lang in der Nähe der Mutter, von der sie gegen ihre zahlreichen Feinde beschützt werden. Auf Angstrufe ihrer Jungen regieren die Mütter sofort und greifen jeden an, der dem Nachwuchs gefährlich werden könnte.

Alligatoren sonnen sich. Sie sind Gewohnheitstiere, und wenn sie einen günstigen Platz zum Sonnenbaden gefunden haben, kehren sie immer wieder dorthin zurück.

SCHILDKRÖTEN

Schildkröten sind mit zwölf Familien und etwa 200 Arten weltweit verbreitet. Sie bilden eine eigene Kriechtierordnung *(Chelonia)*, die durch ihren typischen Panzer gekennzeichnet ist. Schildkröten wohnen in Wüsten und Steppen, in Wäldern und Sümpfen, in Süßgewässern aller Art und sogar in den Meeren, freilich nur in den warmen Zonen, da alle Schildkröten wärmeliebend sind.

Warum die südafrikanische Aerola-Flachschildkröte auch Papageischnabel-Schildkröte heißt, zeigt dieses Bild. Wie der Papagei benützt diese Schildkröte ihren harten Schnabel zum Knacken von harten Früchten.

DER PANZER

Das auffälligste Merkmal aller Schildkröten ist der Panzer. Er setzt sich aus dem Rückenpanzer (Carapax) und dem Bauchpanzer (Plastron) zusammen, die seitlich durch die Brücke miteinander verbunden sind. Der Panzer besteht aus einer inneren Schicht von Knochenplatten, die aus den verbreiterten Dornfortsätzen der Wirbel, den Rippen, Teilen des Schultergürtels und zum Teil auch aus Neubildungen der Lederhaut gebildet werden. Abgedeckt ist er durch eine Schicht von etwa zwanzig bis dreißig Hornschilden, die bei toten Schildkröten abblättern, so daß die Knochengebilde sichtbar werden. Die Farben und Muster, welche die Vielfalt der Schildkröten verdeutlichen, sind in den Hornschilden enthalten. Um das Wachstum der Schildkröte zu ermöglichen, ist der Panzer in Platten unterteilt, um die sich Wachstumsringe bilden können, so daß sich die Platten unter Beibehaltung ihrer Form vergrößern. An diesen Wachstumsringen kann man das Alter einer Schildkröte erkennen, doch geben sie nicht so zuverlässig Auskunft wie die Wachstumsringe eines Baumstamms, denn in Jahren, in denen günstige Bedingungen herrschen und reichlich Nahrung vorhanden ist, können sich auch mehrere Ringe bilden.

Auch wenn sie sich auf Treibholz sonnen, achten Schildkröten wie diese Diamantschildkröte auf jede Gefahr. Sobald sie beunruhigt sind, gleiten sie ins Wasser und tauchen für längere Zeit unter.

Diese Nahaufnahme einer Blandings-Sumpfschildkröte zeigt, wie das Tier bei einer drohenden Gefahr den Kopf in den schützenden Panzer einziehen kann. Diese Schildkrötenart geht zu Land und im Wasser auf Nahrungssuche.

Die Carolina-Dosenschildkröte verdankt ihren Namen vielleicht dem dosenartig hohen Rückenpanzer. Sie lebt hauptsächlich auf dem Land, sucht aber im Sommer häufig feuchtes Gelände auf.

EINE VIELGESTALTIGE KRIECHTIER-ORDNUNG

Der Schädel der Schildkröte ist kurz, massig und stark gewölbt. Statt Zähnen gibt es scharfe Hornscheiden, welche die Kieferknochen bedecken. Manchmal laufen sie in abwärts gekrümmte Spitzen aus, die an Greifvögelschnäbel erinnern. Schildkröten ernähren sich höchst unterschiedlich; es gibt Fleischfresser und Vegetarier. Süßwasser- und Seeschildkröten haben Glieder, die Ruderflossen gleichen, während Landschildkröten kräftige krallenbewehrte Beine haben. Kopf, Schwanz und Beine können in den Schutz des Panzers zurückgezogen werden, doch gibt es hier Unterschiede. Die Längen der Schildkröten können von wenigen Zentimetern bis zu mehr als drei Meter reichen; am größten sind die zu den Seeschildkröten zählenden Lederschildkröten.

Das Vorspiel zur Paarung und die Paarung selbst beanspruchen bei Schildkröten viel Zeit. Um zum Ziel zu kommen, muß das Männchen das Weibchen nicht nur umwerben, sondern manchmal auch beißen und stoßen.

Zierschildkröten sind in sumpfigen Weihern und Seen Nordamerikas häufig anzutreffen. Jungtiere fressen hauptsächlich Insekten, kleine Fische und Amphibien, während ausgewachsene Tiere Wasserpflanzen bevorzugen.

Dosenschildkröten ernähren sich hauptsächlich von wirbellosen Beutetieren. Hier sehen wir eine südchinesische Weißstirn-Dosenschildkröte, die einen Regenwurm verzehrt.

Die Glattrückige Schlangenhalsschildkröte trägt ihren Namen zu Recht, wie unser Bild zeigt. Schlangenhalsschildkröten sind in Südostaustralien und Neuguinea beheimatet und leben ausschließlich im Wasser.

Die Unechte Karettschildkröte legt ihre weichschaligen Eier in ein Loch, das sie am Sandstrand gegraben hat. Es kommen nur verhältnismäßig wenige Junge zum Ausschlüpfen, da die Gelege von vielen Eiräubern, auch von Menschen, geplündert werden.

Bei den meisten Meeresschildkröten schlüpfen die Jungen eines Geleges zur gleichen Zeit. Hier verlassen Dutzende von frisch ausgeschlüpften Karettschildkröten das Nest und streben instinktiv dem offenen Wasser zu.

DER LEBENSZYKLUS

Alle Schildkröten vermehren sich durch Eier. Mit Schwanz und Hinterbeinen gräbt das Weibchen für das Gelege ein Loch in Sand oder weichen Boden. Seeschildkröten suchen zur Eiablage immer die Küsten auf und legen oft Hunderte von Kilometern zurück, um zu besonders günstigen Stränden zu gelangen. Ihre Gelege bestehen aus bis zu hundert Eiern. Sie werden vom Weibchen mit Sand abgedeckt und dann ihrem Schicksal überlassen; eine Brutpflege gibt es nicht. Das Ausbrüten der Eier besorgt die Bodenwärme, doch viele Eier fallen Eiräubern zum Opfer, Seevögeln, Krabben, Wildschweinen, Hunden oder auch Menschen.

Obwohl sie an Land unbeholfen und verwundbar sind, müssen alle Schildkröten ihre Eier an Land ablegen. Gewöhnlich tun sie dies während der Nacht, doch diese Suppenschildkröte ist noch am frühen Morgen damit beschäftigt; wahrscheinlich wurde sie bei der Eiablage gestört.

Die größte aller Meeresschildkröten ist die Lederschildkröte. Das Tier auf unserem Bild sucht einen tropischen Strand zur Eiablage auf. Bei diesen Schildkröten besteht der Panzer aus Knochenplättchen, die in eine dicke, lederähnliche Haut eingebettet sind.

Echte Karettschildkröten sind in allen warmen Meeren der Erde zu Hause. Wie alle Meeresschildkröten können sie mit ihren breiten und flachen, flossenähnlichen Vorderbeinen und den als Steuerruder dienenden kürzeren Hinterbeinen ausgezeichnet schwimmen.

Eine Unechte Karettschildkröte schwimmt dicht über dem Meeresgrund. Wie alle Reptilien müssen die Meeresschildkröten zum Atmen von Zeit zu Zeit auftauchen, doch können sie erstaunlich lang unter Wasser bleiben.

Auf uns mag das weit aufgerissene Maul eines beuteheischenden Reptils abstoßend wirken, aber kleine Fische werden von der wurmartigen Zunge im Schlund angelockt und schwimmen geradewegs in ihr Verderben.

Die Entwicklung im Ei ist so geregelt, daß alle kleinen Schildkröten zur gleichen Zeit schlüpfen, was vielleicht die Überlebenschance der einzelnen Tiere erhöht. Man nimmt an, daß die Geräusche der ersten ihre Eischalen durchbrechenden Jungen die übrigen Tiere veranlassen, ebenfalls mit ihren Eischwielen auf die Eischalen einzuhacken. Wenn sie geschlüpft sind, müssen sie sich durch eine etwa 30 Zentimeter dicke Sand- oder Erdschicht arbeiten, was junge Seeschildkröten stets gemeinsam tun, um ins Wasser, ihr eigentliches Element, zu kommen. Frisch geschlüpfte Seeschildkröten sind ein Leckerbissen für viele Seevögel, größere Fische und andere Beutejäger. Die wenigen Überlebenden verbringen dann viele Jahre im Meer, bis sie geschlechtsreif sind und ihrerseits den Lebenszyklus fortsetzen.

Wenn man bei hellem Tageslicht einen Strand aufsucht, an dem Seeschildkröten in der Nacht zuvor ihre Eier abgelegt haben, bietet sich ein denkwürdiger Anblick: Deutlich sieht man die Spuren der Weibchen, die zu Vertiefungen im Sand hoch über der Flutlinie führen, in denen sie ihre Eier vergraben haben. In der Brandung am Strand wimmelt es von Schildkröten, Männchen und Weibchen, von denen sich viele paaren.

Die meisten Schildkröten legen weniger Eier als die Seeschildkröten, und auch ihre Gelege sind durch Eiräuber gefährdet. So begnügen sich beispielsweise die kleinen Schildkröten des Mittelmeerraums mit etwa sechs Eiern, die mehrere Monate lang im Sand ausgebrütet werden, ehe die Jungen schlüpfen.

Schildkröten bewohnen erstaunlich vielfältige Lebensräume, von denen einige trockenen Wüstencharakter haben. Diesem in Kenia aufgenommenen Tier dient der Panzer als Schutz nicht nur vor Räubern, sondern auch vor der den Körper austrocknenden Sonnenhitze.

Gut getarnt lauert diese Matamata (Fransenschildkröte) in einem Fluß auf Beute. Wenn ein Fisch nahe genug kommt, schnellt der Kopf blitzschnell vor, und das weit geöffnete Maul packt unerbittlich zu.

Weichschildkröten wie diese Wilde Dreiklaue sind in den Everglades und in anderen Seen- und Sumpfgebieten im Süden der Vereinigten Staaten häufig zu sehen. Tagsüber sonnen sie sich auf Treibholz und gehen in der Nacht auf Beutefang.

NACHWORT

Mit wenigen Ausnahmen sind Kriechtiere zu allen Zeiten vom Menschen verfolgt oder ausgebeutet worden, so daß heute viele Arten von Ausrottung bedroht sind. Die großen Seeschildkröten und die inselbewohnenden Riesenschildkröten hat man wegen ihres Fleisches abgeschlachtet, so daß viele isolierte Populationen keine Überlebenschance mehr haben. Die Galápagos-Inseln im Pazifik waren früher von zahllosen Riesenschildkröten bevölkert, doch dann kamen Seeräuber und Walfänger auf die Inseln und schleppten die Tiere zu Hunderten als Frischfleischvorrat auf ihre Schiffe, wo sie mit den Beinen nach oben aufeinandergestapelt wurden und über ein Jahr lang am Leben blieben. Die meisten wurden freilich schon früher geschlachtet und lieferten nicht nur Fleisch, sondern auch Öl. Heute sind die Galápagos-Riesenschildkröten zum Aussterben verurteilt. Seit langem schon stellt man den Karettschildkröten nach, weil man aus den Schildplatten ihres Rükkenpanzers Schildpatt gewinnt, aus dem Kämme, Knöpfe und Schmuck gemacht werden. Die Haut von Krokodilen wird zu Leder verarbeitet, aus dem man Handtaschen, Schuhe und Gürtel herstellt. Viele Reptilien, besonders Schlangen, wurden und werden getötet, weil man einfach Angst vor ihnen hat. Dieser Angst fallen in Europa sogar die harmlosen Blindschleichen zum Opfer, obwohl sie im Haushalt der Natur eine nützliche Rolle spielen.

Am stärksten sind jedoch heute die meisten Kriechtiere durch die fortschreitende Einengung und Vernichtung ihrer Lebensräume durch landwirtschaftliche Nutzung und den ausufernden Tourismus bedroht, durch das rücksichtslose Abholzen der Wälder und die Verschmutzung der Gewässer. Obgleich in den meisten Ländern Gesetze zum Schutz bedrohter Tierarten gelten, werden immer noch Häute gefährdeter Reptilienarten und lebende Kriechtiere für Zoos und als »Haustiere« gehandelt. Wenn dieser Entwicklung nicht entschieden Einhalt geboten wird, werden etliche weitere Tierarten noch vor dem Ende dieses Jahrhunderts ausgerottet sein. Die Wissenschaft ist eben erst im Begriff, die komplizierte Zusammensetzung der Schlangengifte zu enträtseln, von denen viele Substanzen enthalten, die für die Medizin von großem Interesse sind. Die Eier zahlreicher Reptilienarten könnten wertvolle Aufschlüsse über die embryonale Entwicklung vermitteln. Möglicherweise könnten uns Reptilien, über die wir bislang fast nichts wissen, von großem Nutzen sein. Aber ob sie für uns nützlich sind oder nicht – Reptilien haben Jahrmillionen lang auf diesem Planeten in Einklang mit ihrer Umwelt gelebt, und es steht uns nicht zu, ihr Ende herbeizuführen.

Die durch an Land gehende Seeleute stark dezimierten Galápagos-Riesenschildkröten sind heute nur noch in den hochgelegenen Regionen einiger weniger Inseln anzutreffen. Die Tiere auf unserem Bild wurden auf Isabela fotografiert.

Galápagos-Riesenschildkröten lebten früher auf fast allen Inseln des pazifischen Archipels, wurden aber durch Seeräuber und Walfänger nahezu ausgerottet. Auch dieses Tier wurde auf Isabela fotografiert.

REGISTER

Fett gedruckte Zahlen verweisen auf Abbildungen